U0386485

设计与生活

# 两人餐桌美学

用身边的食器让日子更有滋味

[日] 滨裕子 著

袁蒙 译

机械工业出版社
CHINA MACHINE PRESS

# 序

我很喜欢餐具，也常常逛餐具店，
但每当真的挑选餐具，购买餐具时，却很犯难。
旅行归来带回了当地烧制的器皿，
摆在自家餐桌上却不是很搭，
结果每天使用的还是那几样餐具，
把精心烹饪的菜肴摆上餐桌，效果却大打折扣。
不过，
我也常听到有人抱怨，
说摆满昂贵餐具的豪华餐桌，
会令人莫名紧张。

只要学习了餐桌搭配的基本知识，
就会发现，
这些稀松平常的餐具还有其他用法。
意识上稍作转变，
就可以让两个人的餐桌变得丰富精致。

装点餐桌其实并不需要什么独特的餐具与豪华的菜肴。
只需在日常的饭菜旁，
摆一个筷架或铺一块桌垫，
餐桌的装点，便始于这些细小的心思和习惯。

在日常生活中，食何物，与谁食？

在我看来，

把餐桌打造成一个充满期待、舒适放松的饮食空间，非常重要。

在这样的空间下，两个人会愿意拿出更多时间围坐桌前，

彼此的交谈也会更加愉快，同时有助于进一步构建起人与人之间的亲密关系。


本书模拟四季节日活动及日常双人用餐场景，归纳了许多餐桌搭配案例。

书中选用的都是可以随手购买到的日式餐具，

为大家展示了使用这些普通的日式餐具，

将餐桌布置精美的秘诀。

只有实际使用起来，日式餐具的妙处才会渐渐显露。

还有人喜欢拍摄美食照片，

这种时候，器皿和餐桌搭配更是关键。

不妨从今天开始，试着用这些看似平常的日式餐具，装点两个人的餐桌吧。


滨裕子

# 目　录

让两个人用餐
变得更加有趣
的餐桌搭配

初尝新酒（p.32）

两个人吃火锅（p.96）

晚餐（p.78）

人日节（p.56）

庆祝生日（ p.102 ）

圣诞节（p.38）

春日赏樱（p.20）

周末午餐（p.90）

# 双人餐桌搭配的
# 10 个原则

本章将介绍两人用餐时使用日式餐具提升餐桌搭配品质的 10 个原则。

## 1 根据两个人共同关心或喜爱的事物，确定餐桌的主题

想更好地享受两个人的用餐时光，首先要选择一个双方共同关注的事物或话题，据此确定餐桌的主题，然后再决定如何设计造型。进行餐桌搭配时，切忌摆放太多的食物，应根据主题进行筛选，让餐桌尽量保持简约。

## 2  放置折敷⊖，打造私人用餐空间

属于个人的用餐区域，我们将其称为私人用餐区域（personal space）。一个人轻松用餐所必需的面积大概为45cm（相当于人的肩宽）×35cm。在餐桌上放置折敷，既能划出一片私人用餐区域，又可以使餐具看起来更加整齐。

## 3  在公共用餐区域摆放公用物品，例如大餐盘、花

相对于私人用餐区域，大家共同使用的用餐区域则被称为公共用餐区域（public space）。可以在公共用餐区域摆放大餐盘、花等物品，或是铺一块长方桌巾作为点缀。在进行餐桌搭配时，一定要有意识地将私人和公共用餐区域区分开来。

⊖ 折敷：木制方盘。

# 4 利用小摆件
## 开启话题

餐具以外的物品可以统称为小摆件，也可以称其为
话题物（talking goods），将其当作用餐交谈的契机。
例如，摆放短册⊖，就会令人想到七夕。这些简单
的小摆件也能让餐桌更加丰富多彩。

⊖ 短册：日本七夕时悬挂的彩色纸条，一般会在上面写上愿望。

## 5 不要让花束影响两个人的交谈，小一点也没问题

在日式双人餐桌上，花束只是一个装饰性摆设。可以根据季节和主题变换花束，也可以利用烹饪中剩下的香草植物进行餐桌的点缀。

## 6 巧用高度和颜色进行视觉装饰

对餐桌进行视觉装饰，让人一眼看过来就能留下深刻印象。我们需要摆放一些略带高度的摆件，另外可以选用颜色浓郁的桌布和餐盘，制造视觉冲击。

## 7 直线摆盘
## 主次分明

日式餐桌搭配一般
都讲究直线摆盘。
铺上桌布，抚平折
痕，然后笔直端正
地摆上折敷和筷子。

## 8 餐桌上
## 不对称的美

西式餐桌上的餐具多为双数，
讲究左右对称（symmetry）。而
日式餐桌则相反，讲究不对称
（asymmetry）的美。可以摆单
数餐具，也可以让某一侧有所不
同，营造一种未完成的美。

## 9 自由发挥想象力的同时
也要留意岁时节日饮食和颜色等社会传统习俗

在进行餐桌搭配时，虽然大家都想要自由发挥想象力，但不要忘记，关于岁时节日的饮食和颜色，都是"约定俗成"的。在传统习俗的基础上进行搭配，更能够凸显深度与涵养。

# 10

挑战不同的材质、形状、图案
感受四季的日式餐具

日式餐具的魅力就在于无须成套收集，即使材质、形状、
图案各不相同，都可根据所处季节，感受其独特的美。
充满季节感的餐具也许可使用的时间有限，但正是因为
如此，反而更能让人感受到四季的流转，品味当季的乐趣。

四季不同的

餐桌搭配

春日赏樱

春光烂漫的季节，
沐浴在和煦的阳光下，
在自家举办一场
风格雅致而清静的会席宴。

对于日本人来说，春日赏花有着特别的意义。邀请一位女性前辈，在自家举办一场风雅的会席宴。选择灰紫色桌布和适合当季的器皿，器皿上带有樱花元素，整个餐桌的布置凸显着留白之美和淡淡余韵。产自纪州⊖的涂漆烛台内插入了樱花和百部，这种左右不对称的搭配装点着桌面。

---

⊖ 纪州：日本古时纪伊国的别称，现指和歌山县一带。

春日赏樱　21

# 餐桌搭配要点

## 一

### 画有飞舞樱花图案的莳绘<sup>一</sup>折敷

选用了产自纪州的涂漆折敷，画有飞舞樱花图案的莳绘。折敷上摆放的是清水烧<sup>二</sup>容器，画有云锦<sup>三</sup>图案，即樱花和枫叶，里面盛放的是先付<sup>四</sup>——凉拌花菜。云锦图案的餐具在一年四季均可使用。

## 二

### 利用不同高度的烛台打造高低差

餐桌上摆放着两个高低不同的烛台，这里被用作了花瓶。两个涂漆"花瓶"的"瓶身"纤细，其中插入樱花与百部，凸显着两种植物的线条美，更为餐桌增添了一分律动感。

## 三

### 酒器 chirori 下面是涂漆底座
### 与提手的银色互相呼应

"chirori"原本是指加热酒水的温酒器，不过现在市面上也推出了许多玻璃材质的 chirori，可以用来降低酒水温度。将玻璃与银材质的酒器置于涂漆底座上，给人一种高品位的质感。

---

○一　莳绘：漆工艺的一种，指在漆器表面用漆绘制图案、文字等，趁其没干的时候，在上面撒金、银等金属粉。

○二　清水烧：泛指日本京都烧制的陶瓷器。

○三　云锦：日式餐具常见彩色图案，一般用白云表现春樱，用锦织表现秋枫。

○四　先付：日本怀石料理菜单中的一道菜，指开胃小菜。

菜品：汤、凉拌花菜、鲷鱼刺身、竹笋土佐煮◯、水萝卜、珍味◯

# 四

## 小碗与盖碗
## 实用且美观

餐桌中央摆放着有田烧◯的小
碗与盖碗，下面是银色涂漆底
座。可以在小碗与盖碗中放一
些可一口吃下的小吃，方便客
人在等待下一道菜肴时食用。

◯ 土佐煮：日本土佐地区的做法，将食材与鲣鱼花和酱油一同炖煮，味道鲜美。
◯ 珍味：日本怀石料理菜单中的一道菜，多为山珍海味。
◯ 有田烧：产自日本佐贺县有田町一带的瓷器。

餐具亮点

# 向付

清水烧　云形小向付（9cm×12.5cm× 高 3.5cm/作者私人收藏）

　　向付，原本是日本怀石料理菜单中的一道菜，多为刺身等。因为常置于折敷上，恰好位于饭碗和汤碗对面，所以被叫作"向付"。

　　现在，盛放这道菜的容器也被称为"向付"，不同材质、颜色、图案、形状的向付也能让人感受到四季的变迁。向付的使用既能彰显主人的个人品位，又能营造季节感，这可以称得上是日式餐具之精髓。

　　"春日赏樱"餐桌搭配里使用的是京都清水烧的小向付（尺寸稍小），上面画有樱花图案，非常雅致。如此风情虽是春季特有，但能够使用器皿将其表现出来，恐怕也是日式餐具的独特魅力。

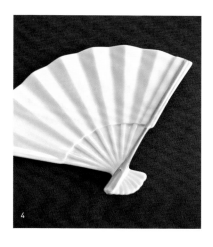

1. 砂质唐津锈绘十草带角向付盘（直径 15cm×高 4.3cm/ 作者私人收藏）
2. 有田烧　金彩镂空黄绿釉小钵（直径 12cm×高 4.5cm/ 陶香堂）
3. 树叶形向付盘（16cm×9cm× 高 4cm/ 陶香堂）
4. 清水烧　扇面向付盘（6.5cm×12cm/ 作者私人收藏）
5. 青瓷竹叶船形向付盘（7cm×24cm/ 作者私人收藏）

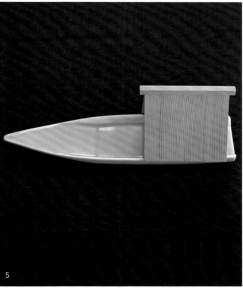

清凉七夕

盛夏黄昏的餐桌，
大量使用玻璃器皿，
享用节日美食——素面。

　　7月7日是七夕，是日本"五节句⊖"之一。与其他四个民俗节日一样，七夕也源自于中国。在七夕这天，有着"乞巧奠"的习俗，寄托了人们提升缝纫手艺或是学问、书法水平的美好愿望。在餐桌上准备彩色纸条"短册"和笔，写下心愿，之后将短册挂在竹叶上，等待夜幕降临后璀璨的星空。在餐桌上，除餐具以外的物件可称为摆件。这些摆件发挥着重要的作用，它们既可以为用餐时的交谈提供话题，也能够明确餐桌的整体风格。在这里，短册就充当了餐桌摆件。

　　说到七夕的节日美食，可能很多人并不了解。其实，七夕这天日本人一般会吃素面。在入子膳⊖上象征性地摆放彩色素面作为装饰，用餐时则使用玻璃容器分食。

　　绿色的桌布令人联想到竹子，上面是水曲柳的折敷，亲近自然。再加上大量使用的玻璃器皿，更给人以清爽的印象。

　　餐桌上还准备了多种多样的小玻璃器皿，用来盛放素面的配料，营造独特的节日氛围。将沥水篮、木制折敷这些自然材质的餐具与玻璃器皿组合在一起，便打造出了一个现代风格的七夕餐桌。

---

⊖　五节句：指日本五个民俗节日，即人日（1月7日）、上巳（3月3日）、端午（5月5日）、七
　　夕（7月7日）和重阳（9月9日）。
⊖　入子膳：一种日式台架，可多层收纳物品。

# 餐桌搭配要点

## 一

### 大量使用玻璃器皿，准备多种款式

在较高的醒酒器里盛放素面汤汁，剔透的造型看起来非常清凉，也很适合七夕氛围。同时选择方形玻璃器皿作为酒器，其他餐具也有意识地使用了不同款式，避免了视觉上的单调。

## 二

### 选择装饰性器皿盛放素面配料

盛放素面配料的容器与酒器为同一品牌，也可起到装饰作用。如此可爱的容器，也会让人忍不住多尝试几种配料。同时，三个容器里还分别准备了木制小勺，并摆放成相同角度，看起来更加可爱。

## 三

### 利用一些七夕特色小物，明确餐桌主题

据说，日本人最早有在构树树叶上写下心愿的传统，后来才演变成写在彩色纸条上，也就是现在的"短册"。布置七夕餐桌时，摆放几片构树树叶，并在象牙色的小盘里准备短册和笔，七夕氛围满分！一旁的装饰绳则选取了与五行相对应的五种颜色。

菜品：素面、夏季蔬菜冻、毛豆

# 四

在台架上摆放素面，
营造供奉节日美食的尊崇感

在日语里，所谓的民俗节日，即"节句"，原本被称
作"直会"，指的是供奉神明后，人们一同享用撤下
的供品。在略高的入子膳上摆放彩色素面，既符合七
夕的主题，同样有一种供奉神明的尊崇感，视觉上也
非常夺目。

餐具亮点

# 玻璃器皿

玻璃器皿（直径 11.5cm× 高 6.6cm/ 作者私人收藏）

　　玻璃器皿的款式很多，颜色、形状和材质各不相同，除了透明玻璃器皿外，还有彩色的、乳白色的，还有的带有气泡。玻璃器皿非常百搭，可以与漆器、瓷器等组合在一起。不仅是夏天，很多人在一年四季都喜欢使用玻璃器皿。

　　我购买的是比较简约的款式，而且尽量挑选的都是用途上没有什么限制，可以用于各种场合的器皿。第 29 页上图里的玻璃器皿内盛放的是素面汤汁，其实也可以盛放凉拌菜或是沙拉、冰淇淋、日式红豆年糕汤"善哉"等甜品。

1. 方形碗（边长 21.5cm× 高 8.5cm/ 作者私人
   收藏）
2. 盖碗（直径 8cm× 高 6.5cm/ 作者私人收藏）
3. 船形金边小碗（4.8cm×10.6cm× 高 4cm/
   作者私人收藏）
4. 单折付出盘⊖（8cm×30cm/ 作者私人收藏）
5. 正方形折敷（边长 15cm/ 作者私人收藏）

⊖ 付出盘：日本料理中盛放头盘的容器，多为细长盘，长度在 24~35cm，也有长度超过 40cm 的特大尺寸。　　清凉七夕　31

使用黑色、蓝色等冷色调器皿，餐桌中央则摆放大号木盘，提升温暖的感觉。

秋意渐浓，初冬将至，正是新酒上市的时节。如果是爱酒之人，不妨准备一些新酒，畅饮至天明。还可准备一些小食佐酒，比如与新酒口感相配的芝士。"初尝新酒"的餐桌上，大号木盘里盛放着芝士拼盘，青花小碗里则是橄榄和坚果。

一旁的青花冷酒器原本是个火盆。因为是在自家的餐桌上，所以布置时也无须拘泥于器皿的本来用途，可以随意发挥想象。

选用青花器皿，要尽量控制颜色的种类，保证整体的素雅风格。为了不让其他器皿上的季节性图案显得太过清冷，这里特意选择了质感粗糙的卡其色麻布作为桌布。餐桌花卉是鸡冠花，天鹅绒质感让人倍感温暖。因为主题是新酒，所以选择了成套的细长石板盘与小碟进行搭配，黑色的餐具与青花酒器很好地把控着整体格调，一旁的红花则充当点缀。轮岛涂○的兔子豆皿○被当作了筷子架，与冷酒器及餐巾上的兔子相互呼应，让人忍不住仰望星空，观月品酒。

---

○ 轮岛涂：发源于日本石川县轮岛市的一种漆器。

○ 豆皿：一般指直径 10cm 以下的小碟，大多造型可爱，可以用作调料碟，也可以盛放点心，或是用作筷子架。

# 餐桌搭配要点

## 一

### 使用青花火盆作为冷酒器

用来保持日本酒口感清凉的冷酒器原本是个火盆，上面绘有蓝色的海浪、兔子等日本传统图案。因其风格与品尝日本酒的餐桌非常适合，于是我们便突发奇想，将其用作了冷酒器。

## 二

### 使用多治见⊖的酒器享用冷酒

新酒难得，冰镇饮用。这里所用的是多治见的陶制酒器，与玻璃器皿不同，酒盅杯沿处不会太过冰凉，非常适合品酒。下面则摆放了一个涂漆折敷。

## 三

### 用途多样的荞麦面猪口杯

千万不要以为荞麦面杯只可以盛放荞麦面汤汁，这种容器用途广泛，非常万能，既可用作小碗，也可用作酒盅或是甜点碟。在这里，我们在其中放入了一些切得比较随意的蔬菜条。

---

　⊖　多治见：日本岐阜县地名，以生产美浓烧著称。

# 四

大木盘拼盘里摆放小碟，
盛放多种小食

大木盘里盛放了芝士和法棍面包，一旁还
摆放了多个青花小碟，里面是橄榄、坚果
等。小碟略带高度，更容易吸引人们的目
光，也再次凸显着这里是餐桌的中心。

菜品：2种新酒、芝士拼盘、法棍面包、咸饼干、葡萄、橄榄、坚果、水萝卜、切条蔬菜

# 酒器

多治见　烫酒壶与酒盅（烫酒壶：高 13cm 含提手；酒盅：直径 7cm×高 3cm/ 作者私人收藏）

　　日本人属于农耕民族，对于日本人来说，用大米酿造的日本酒具有特殊的意义，逢年过节必不可少。近年来，日本酒也逐渐出现在人们的日常餐桌。无论是为加强与神明的交流、祈福举行的宗教活动，还是团队间为加深感情而举办的聚会，不同的酒宴上，都可以搭配不同的酒器。

　　在酒席上，所饮用酒水的种类和性质决定着酒器的类型，因此，我们只能在酒器的设计上，根据用途，更多地发挥个人喜好。

1. 信乐烧<sup>㊀</sup> 辰砂片口壶<sup>㊁</sup>酒器套装（片口壶：高 10cm；酒盅：
   直径 7cm×高 4cm/陶香堂）
2. 清水烧 口银南蛮酒壶（高 12cm/陶香堂）
3. 玻璃 chirori 酒器（高 17cm 含提手 / 作者私人收藏）
4. 九谷烧<sup>㊂</sup> 七福神酒器套装（酒壶：高 14cm；酒盅：直径
   5cm×高 1.8cm/作者私人收藏）
5. 春庆涂<sup>㊃</sup> 漆器片口壶（11cm×16.5cm×高 5.5cm/作者私
   人收藏）

㊀ 信乐烧：产自日本滋贺县甲贺市信乐一带的一种陶器。
㊁ 片口壶：一侧有嘴儿的酒壶。
㊂ 九谷烧：产自日本石川县南部金泽市、小松市、加贺市、能美市的彩绘瓷器。
㊃ 春庆涂：日本漆器技艺的一种，在涂过红色或黄色的木材料上涂上一层名为"春庆漆"的透明"透漆"，
   可以让木纹看起来更加美观。

不失可爱又略带素雅的和风圣诞餐桌，主菜是炖牛肉。

对于恋人们来说，圣诞节是一个格外特别的节日。选择一家时髦的餐厅共进晚餐固然不错，但亲手烹饪一顿节日大餐，用心布置餐桌，更能让两个人的关系进一步亲密起来。

主菜是炖牛肉。炖煮的菜肴不仅看起来美观，成功率也比较高，不容易失败，其中比较适合节日宴席的，就是这里的菜单了。

通过精心装点餐桌，可以将原本普通的菜肴变得与众不同。日式圣诞餐桌亦是如此。

盛放炖牛肉的是土岐⊖红色彩绘日式深盘，陶土质地能够给人以温暖的感觉。红色和绿色是圣诞的专属颜色，此外再加入一些黑色餐具，使餐桌沉稳而可爱。陶土器皿、漆器、玻璃器皿的混搭，打造出了独特的日式风情。中央是一个"水引⊜"日式圣诞花环作为装饰，既不失趣味，又略显素雅，巧妙地点缀着这个日式圣诞餐桌。

---

⊖ 土岐：日本岐阜县地名，以生产美浓烧著称。
⊜ 水引：日式花纸绳。将和纸裁成细条后打结染色而成，过去常用来装饰贡品的包装，现在一般喜事会使用
　　红白色水引，丧事则使用黑白、蓝白色水引。

# 餐桌搭配要点

## 一

### 选用圣诞色（红色、绿色）的器皿

红色彩绘陶制深盘里盛放着色彩丰富的炖牛肉，下面
是一个绘有相同图案的托盘。最下面是黄绿色的位置
盘，同样也是圣诞色。同时，因为红色和绿色是相反
色，所以彼此也能够互相衬托。

## 二

### 避免使用相同材质、
### 相同系列的主菜器皿与面包盘

将不同材质、图案的食器组合在一起，这便是日式餐
具搭配的乐趣所在。与主菜器皿不同，面包盘特意避
开了陶器，而是选择了略带高度的瓷器，很有设计感，
也可以点缀餐桌。

## 三

### 摆放迷你圣诞树，提升餐桌气氛

房间里如果没有大型圣诞树，在餐桌上摆放一个小圣
诞树也可以营造圣诞的氛围。这里选择的是一个迷你
金色圣诞树，色彩上可以装点餐桌，同时也不会显得
太过幼稚。

菜品：炖牛肉、沙拉、法棍面包、香槟、红酒

# 四

## 制作一个"水引"
## 日式圣诞花环

在拧成环形的黑色花器里装上
花泥，制作圣诞花环，红色的
安祖花惹人注目。为了营造日
式风情，还特意加入了"水引"
作为装饰，庆祝新年时也可以
使用。

餐具亮点

# 深盘

土岐　红色彩绘奶汁炖菜盘（直径 15.5cm × 高 4.5cm/ 作者私人收藏）

　　比普通平盘更有深度的盘子叫作深盘。根据弧度不同，深盘也可以分为很多种，每个窑对于深盘与钵盆的区别也各有不同。深盘适合盛放汤汁较多的菜肴，上图的深盘则是普通深盘的改良版，内部不是很深，适合盛放奶汁炖菜、炖焖菜、咖喱饭等。红色彩绘图案看起来很温暖，因此也非常适合秋冬使用，而白瓷或是较薄的瓷器则比较适合春夏。醋腌菜或是凉拌菜等汤汁不多的菜肴也可以尝试使用这种深盘，有时反而会获得意想不到的效果。

1. 大原拓也　粉引刷毛痕 7 寸浅钵（直径 21cm× 高 7cm/ 大福器皿）
2. 有田烧　白色柚子椭圆深盘（22cm×18cm× 高 4cm/ 陶香堂）
3. 美浓烧⊖　轮花深盘（直径 23.5cm× 高 4cm/ 作者私人收藏）
4. 横井佳乃　彩绘鸽子与花 6 寸钵（直径 18.5cm× 高 5.5cm/ 大福器皿）

⊖　美浓烧，产自日本岐阜县土岐市、多治见市、瑞浪市、可儿市的陶瓷器总称。

以白色为基调，
作为一年的收尾，
在现代风格的餐桌上享受
跨年荞麦面。

12 月 31 日是日本的除夕夜，这一天应当如何度过呢？

日本人有在跨年时吃荞麦面的习惯，不过各地的跨年荞麦面也都有着不同特色与风情。我们家一般会先进行迎接新年的准备工作，忙完后再开始吃荞麦面。同时，我们家过年时还有个固定项目——为了庆祝一年顺利完结，我们会开一瓶香槟，一边喝酒，一边享用年菜和荞麦面。

红色的桌布上铺着白色的长方桌巾，红白的色彩组合非常明快。因为是自家餐桌，因此也没有花费太多力气，只是进行了简单装扮。圆形银质面折敷上摆放着素净的白漆大碗，九谷烧盖碗，"天平大云"形状的筷子架，寄托了来年好运连连、生意兴隆的美好期望。一般日本的新年餐桌上常会摆放多层方木盒（重箱），而这里则有所不同，桌边摆放的是刷有白色薄漆的木箱（切溜）。餐桌中央是试管造型的花器，里面装点着文心兰。

使用比较素净的白漆容器，打造一个现代清新的新年餐桌，与伴侣一同享用跨年荞麦面，彼此诉说过去一年的谢意与未来一年的祈愿。

# 餐桌搭配要点

## 一

**白色 × 银色的搭配**
**时尚又美观**

将传统的跨年荞麦面盛放在白漆大碗里，置于银色折敷上，显得时尚美观。为了与其搭配，这里还特意选用了银黑双色的筷子。

## 二

**折敷内侧是桥形盘子**
**装点了餐桌**

白色有田烧的桥形盘子两侧有支撑腿，上面盛放着鱼肉山芋芝士饼、干青鱼子、伊达卷⊖等年菜。如果在白瓷容器里摆放白色的食物，则可以在下面垫一片叶子，视觉上会更加美观。

## 三

**刷有白色薄漆的木箱非常适合这种素雅场景**

薄漆木箱（切溜）可以将大中小的盒子完美收纳其中，非常方便。如果刷的是白漆，则可以用于比较素雅的场景，盖子还可以用作托盘。

---

　⊖　伊达卷，将蛋黄和研碎的鱼肉拌在一起，再烤制成卷帘状的食品。

菜品：跨年荞麦面、松竹造型鱼肉山芋芝士饼、千青鱼子、伊达卷、黑豆、香槟

# 四

## 把试管当作花器
## 进行简单装饰

在四方形银框上插入试管，便组成了一个
简约的花器。试管里各插有一枝文心兰，
鲜明的黄色在整体素雅的餐桌上显得格外
夺目。

餐具亮点
# 大碗

大碗（直径 13.5cm× 高 8.5cm/ 作者私人收藏）

　　大碗比茶碗要大，一般用来盛饭或面类，比较厚，容量较深。在过去，日本上流阶级吃饭时讲究把饭菜分开盛放，因此人们认为把菜盖在饭上是一种有伤大雅的行为。不过，忙碌的时候吃这种"盖饭"会比较节约时间，于是这样的吃法也渐渐流传开来，甚至还出现了拌饭和拌乌冬面。

　　现如今，用大碗吃盖饭并无大碍，也可以像在咖啡馆用餐一样优雅时髦，深受人们的喜爱。大碗的材质很多，既有陶器，也有瓷器、漆器。

1. 内外麦秆图案碗（直径 15.5cm× 高 8.5cm/ 大福器皿）
2. 高祥吾　葡萄碗（直径 16.3cm× 高 9.3cm/ 大福器皿）
3. 高祥吾　铁绘碗　零散横木图案小碗（直径 15cm× 高 7cm/ 大福器皿）
4. 墨小碗（直径 12cm× 高 7.5cm/ 作者私人收藏）

新年

使用吉祥寓意的器皿

打造明快风格餐桌，

祈求新一年的好运与良缘。

新年的第一天，餐桌也比平日更加丰富，风格明快而素雅。

白色的桌布上铺着紫色桌巾，同时选择了略有深度的折敷。前方的托盘里是杂煮碗与松枝造型的带盖向付，里面盛有祝肴⊖。右侧的托盘里则是几个寓意吉祥的小盘子。餐桌中央是松枝与蝴蝶兰的插花，此外还使用了嵌金套盒和屠苏酒壶，在传统新年的基础上又增添了一分趣味。

⊖ 祝肴：庆祝酒宴上的菜肴。如果是新年时的年菜，关东地区常使用黑豆、干青鱼子、沙丁鱼干，关西地区则常使用黑豆、芝麻酱沙丁鱼干、干青鱼子、叩牛蒡。

# 餐桌搭配要点

## 一

松枝形状的带盖向付呼应了新年主题

使用带盖容器的乐趣在于掀开盖子的瞬间，一旁清水烧的松枝造型向付里盛放有三种祝肴。松枝象征着吉祥如意，因此新年餐桌的花器、器皿、菜品等也都特意加入了松枝元素。

## 二

仙鹤和葫芦的造型非常适合节日的餐桌

这个托盘里摆放了几个吉祥造型的豆皿，仙鹤盘里是竹轮鱼糕、芦笋以及西蓝花组成的门松⊖，一旁还装点上了红白双色鱼糕，充满了新年的喜庆气氛。葫芦盘里盛放的是伊达卷。

## 三

屠苏酒壶上点缀水引，造型新颖

日本有在新年饮屠苏酒驱邪的习俗，屠苏酒一般会放在神龛，由一家之主依次倒给晚辈。不过，现在有神龛的家庭越来越少，人们有时也直接把屠苏酒摆在桌子上。在酒壶上装点水引，显得更加华丽美观。

　⊖　门松：日本人新年在门前装饰的松树或松枝。

菜品：杂煮、三种祝肴、醋拌萝卜丝、门松造型芦笋及竹轮鱼糕、红白双色鱼糕、伊达卷、屠苏酒

# 四

### 低饱和度的蝴蝶兰更具格调

装饰新年餐桌，要特别注意所选花材的
格调。虽然可以加入个人趣味和喜好，
但考虑到新年伊始，还是尽量选择格调
高雅的花卉比较好。

餐具亮点

# 吉祥之器

松枝造型带盖容器（4cm×22cm/ 作者私人收藏）

所谓吉祥，就是好运、祥瑞之意。而造型吉利的植物、动物或其他图案均可统称为吉祥纹样，非常适合用于新年等喜庆场合，以表达人们祈求丰收、长寿、幸福的美好祝愿。

"祥瑞"是细密临摹龟甲等几何图案的一种纹样，也是最具代表性的吉祥花纹之一。除此之外，大家在日常生活中也见过许多吉祥纹样，例如宝尽纹、七宝纹、青海波纹、网纹等。

不仅是图案，还有一些带有吉祥元素或绘有福字等吉兆文字的器皿，也都可以称为"吉祥之器"。

1. 扇形青花盘（12.5cm×19.5cm/ 作者私人收藏）
2. 福字图案容器（直径 9cm/ 作者私人收藏）
3. 雪衣金羽鹤形盘（9cm×12cm/ 作者私人收藏）
4. 吉祥豆皿　鲷鱼（直径 7cm/ 陶香堂）
5. 梅花形祥瑞盘（直径 8.5cm/ 作者私人收藏）

# 人日节

一年之中最早的节日，喝七草粥[一]，祈求全年无病无灾。

1月7日是人日节，这也是日本五节句之一。在这一天，人们通常会在早晨喝七草粥。

据说，在平安时代，日本人会在1月7日早晨摘下嫩叶食用。之后，从日本室町时代至江户时代，食用嫩叶的习俗变成在粥中加入七种嫩叶，演变至今，便成了七草粥了。

由于刚进入新年，门口装饰的门松也尚未撤去，所以人日节的餐桌也特意保留了新年的氛围。白色的桌布上铺有代表驱邪的颜色——红色的桌巾，给人以焕然一新的感觉。在日本的节庆装饰里，红色可谓是必不可少的。

餐桌中央摆放着七种绿菜，鲜嫩的颜色点缀着餐桌。因为仍是新年期间，所以特意选择了白柳材质的两口筷[二]。小小的花瓶置于葫芦形状的底座上，里面插入少许新年装饰剩余的花卉。

现如今，人日节的意义也在发生着变化：人们经历了新年的大快朵颐，在人日节这天早晨，则改以清粥为主，让肠胃稍事休息。七草粥里加入了冬雪滋润下刚刚发芽的新生嫩叶，喝了七草粥，希望这一年也能无病无灾。

---

[一] 七草粥：日本有在1月7日的早晨喝七草粥的习俗。七草粥是在白粥里加入春天的七种野菜熬制而成，这七种野菜分别为水芹、荠菜、鼠麴草、繁缕、稻槎菜、芜青和萝卜。

[二] 两口筷：两头细，中间粗的圆形筷子。

# 餐桌搭配要点

## 一

### 篮子里放有七种绿菜，置于餐桌中央

春天的"七草"是人日节的主角。在竹篮里放七种绿菜，装饰在餐桌中央，也带来了一丝春的气息。在日本，超市里会有搭配成套的"七草"出售，也可根据个人喜好，自行搭配七种蔬菜。

## 二

### 红色饭碗置于托盘中央，周围配以小碟

白粥、青菜，在红碗的衬托下看起来更加美味。除了筷子，餐桌上还有勺子，方便喝粥时使用。而为了配合漆碗，这里特意没有选择金属勺子，而是配备了漆勺。饭碗周围的几个小碟形状吉祥可爱，打造出了节日的气氛。

## 三

### 陶土材质的茶壶和茶杯增添了温暖的氛围

小小的涂漆托盘里摆放着萩烧㊀名家烧制的茶杯，配以相同风格的茶壶。餐桌整体风格清静素雅，而这套茶具则为其增添了一丝温暖。

㊀ 萩烧：产自日本山口县萩市一带的陶器。

# 四

保留新年氛围，
在餐桌花卉中加入松枝

餐桌中央摆放着大量新鲜绿菜，因此餐桌
花卉就相应低调了一些。小小的花瓶置于
葫芦形状的底座上，里面插入少许带有新
年气息的松枝、金丝桃和南天竹叶。

菜品：七草粥、蛋卷、多种腌菜、梅干

餐具亮点

# 饭碗

轮岛涂　漆器饭碗（直径 13cm × 高 6cm/ 作者私人收藏）

　　饭碗是每天都会使用的日常容器，所以应尽量选择自己喜爱的手感、形状和设计。

　　饭碗的材质丰富：陶器饭碗质地温暖，拿在手里沉甸甸的，很有分量；瓷器饭碗壁薄且细腻，还可用于宴席待客；此外还有漆器饭碗，重量轻，口感佳，因为不易导热，所以拿在手中也不会烫手。上图的轮岛涂漆器饭碗就是我个人非常喜欢的一款，迄今为止已经使用了近 16 年。

　　一家人的饭碗无须成套。比如夫妻使用的饭碗，可以是同系列设计，但实际款式有所区别。

1. 粉引彩绘饭碗　红（直径 11.3cm × 高 8cm/ 大福器皿）
2. 有田烧　一珍唐草兔子饭碗（直径 12.5cm × 高 5cm/ 陶香堂）
3. 横井佳乃　彩绘花水木饭碗（直径 11.5cm × 高 5.5cm/ 大福器皿）
4. 堀畑兰　坐唐子饭碗（直径 11cm × 高 5.5cm/ 大福器皿）
5. 有田烧　祥瑞一闲人饭碗（直径 11.5cm × 高 5.5cm/ 陶香堂）

冷峻的餐桌
搭配辛辣的咖喱。

2 月 14 日情人节的习俗由来已久。今年情人节，不妨为爱人做一顿美味的咖喱吧。与前文圣诞节餐桌布置里提到的炖菜相似，咖喱也是一道成功率很高的菜肴，即使是新手小白也无须担心。而相应的，在餐桌的布置上则可以更为用心，甚至准备一些小惊喜。

虽然是情人节的餐桌，但还是要避免使用太过可爱的颜色，这里我们选择素雅的民族风。

桌布选择了在印尼购买的蜡染布，男性用的折敷为红色，女性用的为黑色，餐盘均为美浓烧，勺子和叉子均为红色，也很好地点缀着茶褐色的桌布。蜡染布颇具个性，搭配日式餐具和木质等自然材料时，使其一下子就融入其中，营造出了一个稳重成熟的日式餐桌。中央根据个人喜好摆放一些香料，餐桌花卉则使用了褐色蝴蝶结和草莓进行装饰。最后，再摆上一盒巧克力作为情人节礼物。

# 餐桌搭配要点

## 一

### 将佐料摆在餐桌上

根据个人喜好在橄榄木砧板上摆放芝士、葡萄干等，但不同于平时整齐的摆盘，这里摆放得比较随意。

## 二

### 日本传统工艺"寄木细工○"

沙拉碗使用的是日本传统工艺"寄木细工"的涂漆碗。虽然是珍贵的传统工艺品，但仅仅陈列在柜子里未免太过可惜，更应当让其出现在餐桌上。将颇具个性的沙拉碗与同色系的桌布搭配在一起，整体上非常和谐。

## 三

### 红色餐具是餐桌的点缀

红色的勺子与叉子均为不锈钢材质，产自新潟县燕三条。这套餐具的黑色款作为设计佳品目前被美国纽约现代美术馆永久保存。

○ 寄木细工：木片拼花工艺品。

菜品：碎肉咖喱、叶菜沙拉、薤头、芝士、葡萄干

# 四

餐桌花卉中加入水果，
营造情人节浪漫气息

餐桌花卉中混入了小苹果和草莓等水果，再
加上蝴蝶结，一下子就变得非常可爱，也让
整体风格比较沉稳的餐桌增添了一丝俏皮。

餐
具
亮
点

# 折敷

圆形折敷（直径 33cm/ 作者私人收藏）

　　日本传统的饮食方式是单人单桌，也叫作"膳"。折敷是没有"桌子腿"的"膳"，它划定了每个人的用餐区域，和餐垫的效果相同，一般置于桌子或是矮桌上使用，在茶道茶会中也可以直接放在榻榻米上。正式的折敷一般为正方形，不过现在也出现了各种各样的形状，比如圆形、八角形、椭圆形、长方形、半月形等。

　　一个折敷就可以明确一个人的用餐区域，也可以使餐具摆盘更加紧凑。在进行餐桌布置时，应当尽量在折敷内进行设计与发挥。使用不同种类的折敷，也可以使餐桌更加丰富亮眼。

1. 八角形红黑双面折敷（直径 33cm/ 作者私人收藏）
2. 白色正方形折敷（边长 30cm/ 作者私人收藏）
3. 纪州涂漆器绿色正方形折敷（边长 33cm/ 作者私人收藏）
4. 智头杉餐垫（30cm×42cm/ 轮岛 kirimoto）

清凉七夕（p.26）

午餐（p.84）

人日节（p.56）

专栏 一个人吃饭时的餐桌搭配

春日赏樱（p.20）

新年（p.50）

庆祝生日（p.102）

庆祝纪念日（p.108）

这里集中介绍了本书案例中的单人餐桌搭配。

早餐（p.72）

圣诞节（p.38）

晚餐（p.78）

初尝新酒（p.32）

即使是一个人吃饭，用心布置，也会感到充实。

除夕（p.44）

平日里的双人餐桌

早餐

繁忙的早晨把托盘用作折敷，省时省力，还显得整整齐齐。

　　早餐是一天的活力之源，一定要认真对待。日式早餐一般是三菜一汤，不过早晨时光非常繁忙，人们大多没有多余时间来布置餐桌，我也一样。下面就为大家介绍一下我家早餐餐桌的简单布置。

　　首先，我会用普通托盘替代折敷。用托盘将食物从厨房端到餐厅，直接放在餐桌上，用餐之后再将托盘端回厨房，收拾起来很方便。餐具的布置很简单，右侧靠外是汤碗，左侧靠外是饭碗，右侧靠内是主菜，左侧靠内是副菜，中间则是一些小菜。

　　早餐的餐具自然都是一些平时常用的。为了避免所有盘子都是圆形，这里特意使用了长盘和一些异形豆皿，制造一些变化感，也让餐桌整体看起来更加平衡。中间的小盘里盛放的是昨晚的剩菜和一些早餐常备小菜。此外，在私人与公共用餐区域之间铺上一条长方桌巾，放一块木制托盘，能起到很好的装饰作用。从自家庭院里摘几枝千日红摆在桌上，虽然没花费太多时间精力，但依然打造出了一个三菜一汤的早餐餐桌。

# 餐桌搭配要点

## 一

### 菜品色泽不够鲜艳，可用餐具来补充

一般情况下，餐桌上同时出现红、绿、黄、白、黑这
几种颜色的食材，视觉上会显得色彩均衡。如果哪种
颜色不够，可以考虑用餐具来补充。如果菜品里没有
出现红色，则可以选择红色的器皿，使餐桌色彩更加
和谐。

## 二

### 重复使用的器皿非常美观

将昨晚的剩菜和早餐常备小菜盛放在几个正方形的小
盘里，并排摆开，重复使用的器皿显得非常美观。在
长方桌巾上铺一块木制托盘，也可以防止食物掉落，
弄脏餐桌。

## 三

### 筷子架让餐桌显得正式

在日本的饮食文化中比较忌讳将筷子搭在盘子上，因
此即使是繁忙的早晨，也最好准备筷子架。摆放一个
小小的筷子架，也会让餐桌整体显得更为正式。

菜品：大葱味增汤、米饭、盐烤鲑鱼、秋葵纳豆、拌菠菜、炖煮莲藕、蛋卷、羊栖菜

# 四

佐料、茶具等均摆在一侧，
使餐桌显得清爽整齐

茶壶、酱油壶等用具以及花卉均摆在餐桌一侧，使餐桌显得清爽而整齐。在餐桌上摆放一点鲜花，可以使气氛更加明快，也可以让用餐的人心情平和愉悦。

餐具亮点

方盘

白瓷方盘（11cm×15cm/ 作者私人收藏）

　　方盘分为很多种，例如正方盘、长方盘等。从用途来看，正方盘一般盛放刺身、天妇罗，长方盘则一般用来盛放烤鱼、前菜等。因为饭碗和汤碗都是圆形的，因此配以方盘会制造一些变化感，也使得视觉上更为平衡。

　　白瓷方盘可以用于任何季节，我个人在一年四季都会使用，但摆盘会有所不同。如果用白瓷方盘盛放烤鱼，那么要在烤鱼下面垫一片竹叶，鲜绿的竹叶可以将烤鱼衬托得更加诱人。另外，鱼类菜肴大多造型简单，在选择器皿时可以搭配图案较丰富的款式。

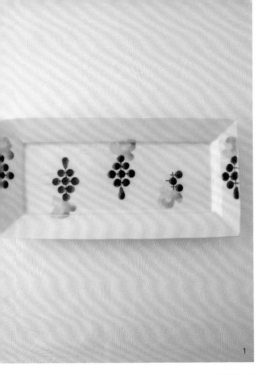

1. 高祥吾　葡萄长方盘　小（14cm×26cm× 高 2.5cm/ 大福器皿 )
2. 宅间祐子　长方盘　褐色（13.7cm×30cm× 高 1.8cm/ 大福器皿 )
3. Forme 长方盘（13.8cm×23.3cm× 高 2.5cm/ 大福器皿 )
4. 大原拓也　粉引刷毛痕 5 寸方盘（14.3cm×14.3cm× 高 1.8cm/ 大福器皿 )
5. 粉引彩绘盘　红色（18.5cm×26cm× 高 2cm/ 大福器皿 )

巧妙利用蜡烛和鲜花，
让日常三菜一汤的餐桌
显得更加精致。

与早餐不同，晚餐的气氛比较悠闲，可以两人饮酒畅谈。不妨尝试调暗照明，点上蜡烛，会让整个餐桌更有气氛，连日常的三菜一汤也显得更加精致。

这里介绍的晚餐餐桌再次使用了七夕餐桌用过的水曲柳长方形折敷，餐具则是比早餐餐桌略显高级的饭碗和汤碗：饭碗是轮岛涂的漆器，汤碗是越前涂的漆器。人们一般会选择陶器饭碗，不过漆器饭碗重量轻，盛满热饭也可以端在手中，我个人非常喜欢。

主菜的器皿是日本著名陶瓷器品牌 tachi 吉（たち吉）的经典菊花白瓷盘，副菜的器皿是手工艺人制作的小钵，小菜则选择了有田烧的豆皿。餐桌上还摆放了一个红色彩绘的有田烧大盘，用来盛放沙拉，便于分食。餐桌中央装饰着鲜花，再点上蜡烛，瞬间提升餐桌氛围。晚餐时刻，打开啤酒，倒入山中涂⊖的漆器酒杯中，感受其绵密的泡沫，是绝佳的美味。

---

⊖ 山中涂：发源于日本石川县加贺市山中温泉地区的一种漆器。

# 餐桌搭配要点

## 一

将烧酒倒入玻璃杯
用心装饰　更显美观

在红酒分酒器里倒入烧酒，加入梅干，搭配上圆圆的菅原玻璃酒杯，形状可爱，质感细腻。摆放在漆器托盘上，立刻变得洋气又美观。一旁的冰桶里装有冰块，可以根据个人口味调制成冰饮。

## 二

用红色彩绘盘盛放彩色沙拉
对比色的搭配效果更佳

餐桌还选用了红色彩绘的有田烧沙拉碗。如果餐桌整体多为简约风餐具，那么不妨选择一个带有图案的器皿，制造一些对比。沙拉碗上的红色彩绘与蔬菜的绿色恰好为相反色，在红色的映衬下，蔬菜也显得格外美味。

## 三

用杯装蜡烛照明
提升气氛

日本人还不太习惯在餐桌上点蜡烛，不过据说烛光最能映衬出女性美。在杯中放入点燃的茶烛，餐桌的氛围瞬间得到提升。

# 四

## 用餐桌花卉制造聊天话题

小小的餐桌花卉由菊花和龙胆组成，这里还特意加入
了比较少见的粉色系龙胆。餐桌花卉应当尽量选择当
季鲜花，同时也能够为两人的餐桌交流提供话题。

菜品：汤、米饭、和风肉饼、炖菜、麻酱拌豆角、沙拉、啤酒、烧酒

餐具亮点

# 小钵

渡边均矢　小钵（直径 16cm/ 作者私人收藏）

　　比盘子深的器皿叫作钵，小钵，顾名思义，是尺寸比较小的钵。钵比深盘还要深一点，适合盛放凉拌菜、醋腌菜、焯拌青菜等。当菜肴不够的时候，也可以用小钵盛放一些常备小菜。

　　小钵与主菜盘相比面积小，颜色和图案丰富，形状独特，可以为餐桌增添许多趣味，也是餐桌搭配绝佳的装饰。上图的小钵是多治见手工艺人的作品，只有三条腿，可爱的造型和手绘线条更是给人以温暖的感觉。

1. 有田烧　璎珞边轮花小钵（直径 12cm × 高 5cm/ 陶香堂）
2. 青花小钵（直径 9cm × 高 3cm/ 作者私人收藏）
3. 九谷烧　福瓢纹带角小钵（边长 12.5cm × 高 3.5cm/ 陶香堂）
4. 小钵（直径 10cm × 高 4.5cm/ 作者私人收藏）
5. 有田烧　红色方块松带角小付（边长 7.5cm × 高 4cm/ 陶香堂）

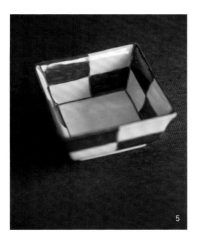

晚餐　83

午餐

忙碌的工作日，
买一些熟食和便当，
享受 one plate 午餐。

如果夫妻二人都需要工作，想必工作日的午餐大家都会希望尽量省时省力。此外，为二人留出充足的闲谈时间也很重要。在超市或是便利店买一些熟食是一个解决午餐的好办法，不过买回来直接食用也略显乏味。

这里我使用的是八寸左右的大盘和小钵，以及陶瓷小勺。如果购买的熟食汤汁过多，或是为了避免菜肴之间串味儿，可以将其先放入小钵或小勺中，然后再摆在大盘上，构成一桌完美的 one plate（把所有食物都放在一个盘子里）午餐。摆盘时，要把略带高度的食器摆在内侧，然后摆放小钵、小勺等三种形状各异的小器皿。同时考虑到大盘上还会盛放其他菜品，所以要留出一定空间。

略带粉色的餐具很好地点缀着粉色刺绣的桌布，餐巾与餐桌花艺也在色彩上形成呼应，这些共同组成的餐桌，仿若一场待客宴席。无须花费太多时间和精力，一样可以打造出一顿高级精致的午餐，再准备一些啤酒，开启两人的话题。

# 餐桌搭配要点

## 一

### 虽然是 one plate
### 但盘中器皿的高低也各不相同

带有现代风格线条的有田烧日式大盘，上面摆放着的
水蓝色小钵，有效地补充了餐桌上较少的蓝绿色系。
此外，盘中还摆放着蒸蛋小钵，制造出了高低差，使
得视觉上更加立体。

## 二

### 食材、器皿的颜色均与主色调呼应

盛放腌菜的器皿形状独特，像是一个拆开的盒子，旁
边搭配的是有田烧的餐盘。另外，特意选择了与粉色
刺绣桌布一致的餐具和食材，彼此呼应，视觉上非常
和谐。

## 三

### 立体筷子架
### 为餐桌增添趣味

金色的筷子和筷子架均为纪州涂漆器，其中筷子架原
本是餐巾环，也可以当作餐具架使用。筷子架的摆放
也颇为用心。

菜品：蒸蛋、羊栖菜、蛋卷、炸鸡块、麻酱拌豆角、鲑鱼蒸饭、腌菜、啤酒

# 四

## 黑红配色营造成熟风格

餐桌上摆放了一大一小两个白色花瓶，
里面插入了三支黑红色鲜花，同时搭配
了一些木莓枝叶和百部，营造出了律动
感。细长花瓶与简约花朵的曲线，让整
个餐桌空间更加时尚美观。

平盘

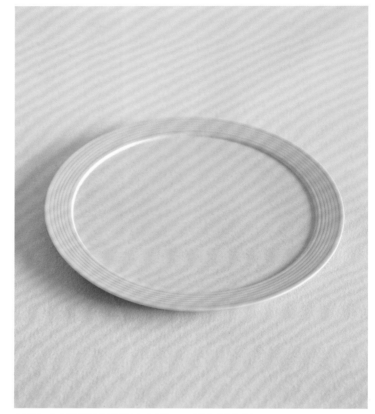

有田烧　八寸带边圈光泽釉青瓷盘（直径 24cm/ 作者私人收藏）

平盘大体可以分为小盘、中盘和大盘（详细请参考 p.126）。

一般来说，每个人的餐盘都是七寸大小，比七寸大的盘子就是大盘，多用来盛放多人分食的菜肴。

因为这里要布置一个 one plate 的午餐餐桌，所以我们特意选用了大盘作为单人餐盘。上图是一个八寸带边圈光泽釉有田烧青瓷盘，最近用日式餐具与西式餐食搭配逐渐流行，许多餐厅也在使用。摆盘时可将日式餐具制造出高低差和对比，同时留有一定空间，即可在家享受精致的一餐。

1. 平盘（直径 28.6cm × 高 1cm/ 大福器皿）
2. 有田烧　云绿盘（直径 23.5cm × 高 1.5cm/ 作者私人收藏）
3. 有田烧　无釉烧制牡丹饼平盘（直径 26cm × 高 2cm/ 陶香堂）
4. 漆布花纹浅灰渐变晚餐盘（直径 27cm/ 轮岛 kirimoto）

选择心爱的器皿
享受周末的意面午餐，
用可搭配刀叉的漆器
盛放男主人的手艺。

周末时，珍惜两个人的独处时光，不妨和心爱的他一起下厨。

男主人做意面，女主人则铺上了乔治·杰生（Georg Jensen）的花缎桌布，摆上皮制位置盘，准备好装有冰镇白葡萄酒的漆器冰桶。

主菜意面盛放在轮岛涂的漆器盘里。许多人听到用漆器盛放意面都会感到惊奇：使用刀叉时不会划伤涂层吗？这里我们选用的漆器盘专门经过了轮岛 kirimoto 研发的特殊工艺——千丝花纹底漆工艺处理，表面涂层不易被划伤，可搭配金属刀叉使用。如果有一些菜品需要使用刀叉，则可以放心选择这种漆器盘，这样也使我们在布置餐桌时有了更多的选择。

这里再次使用了曾在 p.44"除夕"章节中使用过的花器（漆器框架搭配试管），在两个孔中插入面包棒，另一个孔中插入装有文心兰的试管。

成套的黑色器皿让整个餐桌显得高级又雅致，也非常适合用来招待客人。

# 餐桌搭配要点

## 一

### 巧用位置盘

铺上位置盘（place plate）或是底盘（under plate），可以很好地衬托盛放意面的轮岛涂漆器盘。虽然只是简单的意式螺旋面，却在漆器盘的映衬下像餐厅菜肴一样精致。

## 二

### 经过莳地工艺<sup>○</sup>加工的沙拉碗

盛放意式沙拉的轮岛涂漆器沙拉碗经过莳地工艺加工，不易被划伤。无论是千丝花纹底漆工艺还是莳地工艺，制作出来的都是哑光漆器，适用于日式餐桌、西式餐桌等各种场合，非常百搭。

## 三

### 特意选择与桌布不同色系的餐巾
### 更加值得玩味

餐桌的整体为沉稳、大气的风格，所以摆放餐巾时，尽量不要将其折叠得蓬松又夸张，而应选择简约的形状。这里我们将餐巾叠成细长卷，搭在餐盘一侧，也制造出了一些律动感。

菜品：意式螺旋面、意式沙拉、面包棒、白葡萄酒

# 四

## 将面包棒放在立式花器内

面包棒是意大利餐厅里经常出现的一种棒
状小食，将其插入立式花器内，充满趣味。
天马行空的创意，可以让两个人的餐桌布
置变得充满乐趣。

餐具亮点
漆器

千丝花纹带边圈盘（直径 24.3cm×高 5cm/ 轮岛 kirimoto）

　　因为原料漆价格昂贵，工序烦琐，所以很多人认为漆器售价高、不好打理。而一旦使用过，就会发现漆器无法取代的魅力。

　　上图的漆器专门经过了轮岛 kirimoto 研发的特殊工艺——千丝花纹底漆工艺处理，在天然木材料上贴布，将印痕留在漆器表面。使用这种工艺制作出来的漆器表面硬度较高，因此不易被划伤，可以配合金属刀叉使用。这一工艺的研发非常有意义，也使得漆器能够用于更加广泛的时间、地点和场景。

1. 传统工艺轮岛涂　加藤漆器店　谨制刀叉餐具（每个长
   20.5cm× 柄宽 1cm/ 花生活空间）
2. 轮岛涂　莳地冰淇淋杯（直径 8.5cm× 高 5cm/ 轮岛 kirimoto）
3. 越前涂　漆器汤碗（直径 12cm× 高 6.5cm/ 作者私人收藏）
4. 滨裕子原创设计传统工艺轮岛涂漆器　加藤漆器店　谨制高杯
   （直径 8cm× 高 13cm/ 花生活空间）
5. 轮岛涂　莳绘溜涂⊖汤碗（直径 12.5cm× 高 7.5cm/ 作者私人收藏）

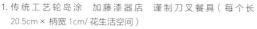

⊖ 溜涂：刷底漆之后刷一层红色漆，然后再刷半透明的黑色漆，可以透出下面的红色。

両个人吃火锅

热气腾腾的关东煮，
配上冷色调的餐桌。

　　冬天就要吃火锅！近年来，精致的小砂
锅或是形状独特的手工锅越来越常见，这里
我们使用的是一个颇具设计感的小锅，把手
很独特，锅身绘有市松图案<sup></sup>。为了配合这
个小锅，我们特意选用了十草图案圆形花边
青花瓷中盘等瓷器作为餐桌用具。藏蓝色、
白色、黑色的组合与餐桌整体都是冷色调，
给人清冷的感觉。

　　餐桌的布置还进行了合理留白，非常适
合享用一顿热乎乎的关东煮。

---

㊀ 市松图案：即方格。

# 餐桌搭配要点

## 一

### 在砂锅里塞满食材
### 瞬间提升陈列效果

在砂锅里塞满食材，分量满满，看起来非常丰盛。不仅仅是关东煮，只要是加水煮的火锅，都可以采用这样的方法摆盘，让食材多到快要溢出来。

## 二

### 互相搭配的砂锅与餐盘

分食关东煮的蓝白相间餐盘为十草图案圆形花边的青花瓷，与砂锅风格类似，蓝、白色的市松图案筷子架也与砂锅很搭，白色漆器折敷则营造出了高级感。

## 三

### 烹饪道具也是餐桌布置的一部分

右侧图片上方的是隔热手套，形状迷你又可爱，我个人非常喜欢。餐桌整体为清冷风格，加入一些手工制品，能中和氛围。用来舀关东煮的大勺子也均为黑色，非常雅致。

# 四

桌边摆放各种小物件

吃关东煮，最适合喝日本酒。一开始可以在香槟杯里倒入冷酒，然后再用信乐烧的酒壶和酒杯品尝热酒。市松图案的带盖盒子里装的是辣椒，再准备一个铜花瓶，一同摆在桌边。

菜品：关东煮、日本酒

# 砂锅

砂锅（直径 25.5cm × 高 16cm/ 作者私人收藏）

　　天冷就要吃火锅。在餐桌中央摆上砂锅，大家围坐在桌边，热闹又温暖。

　　新的砂锅在使用前，要在锅内先倒入七八成的水和一碗米饭，慢慢熬制成粥。沸腾后关火，静置一夜。保养砂锅的关键在于使用后尽量不要清洗锅底，应将其翻过来放置，让其充分干燥。

　　上图是三重县手工艺人稻叶直人制作的砂锅，蓝色的市松图案和独特的形状令人一见倾心。因为锅是本次餐桌的主角，所以一定要选择自己心仪的款式。

1. 合花楸菱纹小锅（直径
   18.5cm × 高 12.5cm 含
   锅盖，锅体高 8.5cm/
   大福器皿）
2. 炖煮、焖饭锅　焦褐色
   （20cm × 24.5cm × 高
   10.9cm 仅锅体 / 大福
   器皿）
3. 万古烧⊖　伊罗保⊖带把
   小锅（直径 14.8cm ×
   高 8cm/ 陶香堂）

⊖　万古烧：陶瓷器的一种，使用透锂长石制作而成，具有良好的耐热性，代表性产地为日本三重县
　　四日市。
⊖　伊罗保：李朝时期制作的一种高丽碗，所用材料含铁较多，因此茶碗表面粗糙，刷上土灰釉，颜
　　色会微微泛蓝色或黄色。

# 庆祝生日

## 给朋友一点惊喜！

## 生日下午茶。

用一场日式下午茶来庆祝生日？下午茶文化发源于英国，一般是红茶搭配黄瓜三明治、司康饼和蛋糕。酒店等社交沙龙常提供三层下午茶套餐，此外，其简略版也非常受欢迎。近年来，下午茶的形式和茶点的内容都在不断发展，除了视觉美观外，甚至还会加入季节、节日元素。

这里我们准备了石板盘，以及三层甜品架，同时还准备了不同图案的青花瓷豆皿。中间的黑色盘子略有高度，制造出了高度差，里面盛放着茶点。白菊花造型的有田烧可以当作餐盘。

这里还准备了三种茶叶，先是使用玻璃杯冲泡的冰泡茶，然后是使用无把手茶壶"宝瓶"冲泡的煎茶，最后是使用铁质茶壶冲泡的焙茶。

桌子上还摆放了迷你花束作为点缀，也可以当作礼物送给客人，整体上打造出了一个颇具仪式感的下午茶餐桌，也是一场令人印象深刻的生日宴会。朋友惊喜的表情也令人期待。

# 餐桌搭配要点

## 一

### 使用青花瓷豆皿打造日式甜品架

架子上摆放着马卡龙、曲奇、一口甜甜圈以及手指三明治、颜色各异的点心看起来色彩丰富，非常可爱。

## 二

### 粉红色的南部铁器茶壶成了点缀

茶壶和茶杯无须成套，可根据茶的特性及饮用方法进行搭配，这样显得更加"内行"。南部铁器茶壶非常适合需要高温冲泡的焙茶，同时搭配了简约的白瓷茶杯。

## 三

### 非正式场合，可自由发挥，
### 无须拘泥于形式

因为并非是正式下午茶，所以无须拘泥于形式。想到"寿星"惊喜的样子，连筹备的时间也变得开心起来。同时也别忘记收集最新的甜点流行信息。

菜品：三明治、司康饼、杯子蛋糕、玻璃杯果冻、马卡龙、曲奇、甜甜圈、日本茶

# 四

## 茶桌上摆放迷你花束

茶桌或日式餐桌上的花束小一点也没关系。考虑到是
难得的生日茶会，所以还是选择了玫瑰，并使用了略
高的花器。茶会结束时，也可以把花束当作礼物，送
给朋友。

餐具亮点

# 豆皿、小盘

有田烧　波千鸟（直径 10.5cm/ 作者私人收藏）

　　一般人们所说的小盘，大多指小于四寸（12cm 左右）的盘子。和中盘一样，小盘多用来当作个人餐盘，但其实也有许多其他用途。比小盘更小一号的是豆皿，只有二寸左右，也被称为手盐皿。这些盘子价格低廉，可以每个款式购买一个，凑成一套，也可以购买那些平日不敢企及的高级瓷窑或是知名手工艺人的作品，小小地奢侈一把。

　　小盘大多造型可爱，不妨根据个人创意，自由搭配。可以同时摆放多个小盘，里面盛放少量不同菜肴，也可以在日式茶会上使用。

1. ARITA PORCELAIN LAB 小盘（直径 10.5cm/
   作者私人收藏）
2. 九谷梅菊图案（直径 9.5cm/ 作者私人收藏）
3. 有田烧　寿纹图案（直径 10.5cm/ 作者私人
   收藏）
4. 有田烧　吉祥豆皿　海老（直径 7m/ 陶香堂）
5. 有田烧　扇形豆皿（6.5cm×12cm/ 作者私
   人收藏）

## 庆祝纪念日

用漆器和彩盘打造缤纷餐桌，
庆祝两个人之间特别的纪念日。

结婚纪念日，或是交往周年纪念日，对于两个人来说是一个特殊的日子。湖蓝色的桌布，折敷、花束、盒子、冷酒器均统一为白色，餐桌整体风格清爽，蓝色、白色、银色的组合非常现代。彩盘为九谷烧，上面绘有古典传统图案，与现代风的餐桌搭配在一起，也呈现出了一种新的风格。

# 餐桌搭配要点

## 一

**白色涂漆冷酒器和白色盒子充满现代感**

增加白色的占比，会让餐桌看起来更加明亮洁净。白色涂漆冷酒器和白色盒子可以用于节日餐桌，也可以用于平日里的休闲场合。虽然是一个特殊的日子，但也无须太过夸张，这里打造了一个现代风格的餐桌。

## 二

**漆器与亚克力盘子搭配使用，营造透明感**

漆器上叠放长 15cm 的亚克力盘子，可以当作垫子，用途广泛。这种亚克力盘子存在感不高，但却可以营造出透明感和立体感，使用方便，是可以添彩的"宝藏"盘子。

## 三

**利用白色折敷制造分隔效果**

这里使用了九谷烧的五寸盘作为个人餐盘，上面绘有传统图案——古九谷青手树木叶纹。蓝色的餐盘摆放在白色的折敷上，与湖蓝色的桌布呼应，但又被白色的折敷分隔开，视觉风格非常现代。

菜品：开胃小菜 2 种（黄瓜配生火腿、橄榄）、扇贝水菜沙拉、汤、手球寿司

# 四

## 在玻璃酒器里盛放迷你沙拉，营造高级感

前菜是扇贝与水菜沙拉，盛放在纯手工制作的玻璃酒器里，高脚酒杯给人以高级感。虽然是酒器，但只用来盛酒未免太过浪费，其实可以有多种用途。

餐具亮点　**彩盘**

古九谷青手土坡牡丹图（直径 15cm/ 作者私人收藏）

　　庆祝特别的日子，例如纪念日，或是宴请待客时，一般都会使用颜色鲜艳的器皿。选择带有美丽图案的彩盘盛放前菜和主菜，也能让餐桌显得更加华丽。

　　不过，选择彩盘时也有一些需要特别注意的地方。根据图案的不同，有的彩盘适合在特定季节使用，有的彩盘则可以全年使用。事先选择有季节感的图案，会让餐桌显得更加精致。

　　人们喜欢购买简约素净的器皿，因为非常百搭，不过偶尔加入一些带有图案的彩色器皿也是不错的选择。

1. 有田烧　锦绿彩凤凰盘（直径 17cm×高 2cm/陶香堂）
2. 有田烧　淋派　古伊万里样式（直径 17cm/作者私人收藏）
3. 三川内烧　青花瓷绣球花盘（直径 17cm/作者私人收藏）
4. 堀畑兰　彩绘野菊　紫色 6 寸钵（直径 18m×高 5.3cm/大福器皿）
5. 清水烧　青花瓷十二支圆形纹轮花盘（直径 19m×高 3.5cm/陶香堂）

# 餐桌搭配特别篇

## 待客时的装点搭配

本章将介绍待客时的四人餐桌装饰。

哪怕每种餐具只有两个，也可以搭配得美观大方。

利用两个人的日常餐具，装饰待客餐桌，巧妙发挥这种并不工整成套的美。

# 将多人餐具摆放在一块食案里

周末，在家招待友人夫妇。虽然家里的餐具都是两人份的，不过只要稍加用心，一样可以打造出精致的待客餐桌。

将菜肴盛放在大盘里，大家用餐盘分食。四个餐盘无须统一，两两成套也可以。其中女性的餐具为优雅的瓷器和漆器，男性的餐具则为造型帅气的陶土器皿。瓷器、陶器、漆器的"混搭"组合出现在一个折敷内，反而有一种和谐之美。虽然是四人餐桌，但完全没必要刻意使用成套的餐具。

---

# 待客餐桌搭配的要点

一　划分私人用餐区域和
　　公共用餐区域

二　餐具不成套时，
　　可以在颜色上下功夫

三　餐具的种类、材质可以有所不同，
　　但要保证所有人的菜品内容统一

四　巧用石板，
　　分隔不同风格的大盘

五　如果整体色调暗沉，想加入亮色做
　　点缀，一般比例控制在 5% 左右

1. 水曲柳的折敷上摆放着上宽下窄的高碗，里面是饭前小菜——生蔬菜，带盖容器里是珍味，5寸盘是个人餐盘。高底座容器和带盖容器使餐桌更显华丽，有一种款待客人的尊贵感。男性的餐具使用的是陶土材质的高碗和5寸盘，搭配九谷烧的带盖容器，让人感觉稳重，有分量。

2. 女性的餐具使用的是漆器高碗和白瓷5寸盘，给人感觉比较柔和。与男性的餐具相比，九谷烧带盖容器上的图案有所不同。

3. 此外，还准备了不同图案的豆皿，可用来盛放酱汁或白盐。豆皿大小一致，且均带有图案，虽然图案内容各不相同，但搭配在一起也不会显得太过分散。

4. 餐桌中央是会津涂的大钵，里面是散寿司，两侧是浇在绿叶菜沙拉上的海鲜冻，方便拿取。
5. 盛放海鲜冻的玻璃容器，也可倒过来使用。这些形状奇特的容器，也能成为用餐时聊天的话题。
6. 餐桌花艺尽量低调，仅装点了少量粉色小花。

专栏 如何使用餐巾

餐巾是餐桌搭配中的重要元素，这里将介绍餐巾的多种叠法。

情人节（p.62）

除夕（p.44）

两个人吃火锅（p.96）

庆祝生日（p.102）

人日节（p.56）

初尝新酒（p.32）

春日赏樱（p.20）

午餐（p.84）

120

日式餐具的基本使用方法

日式餐具可大体分为五类，学习各类餐具的特性，可以更好地了解其使用方法。

## 陶器

吸水性、透气性好，
使用时间越久，韵味越深

陶器在日语里也被称为"土器"，主要材料是黏土，一般在窑内经过 1000 ~ 1300℃ 低温烧制而成。也正是因为如此，陶器未完全烧结，比较厚重，敲击会发出沉闷声音，且不透光。因为烧制温度偏低，粒子间有空隙，所以陶器吸水性和透气性好，使用时间越久，韵味越深。

陶土材质的器皿手感厚重，让人感到温暖，因此非常适合秋冬的餐桌。无论是烧烤还是油炸菜肴，或是西餐中的奶汁炖菜、煨菜等高温菜品都可以使用陶器。

使用陶器前，需要先将其浸泡在温水或冷水中，让其吸收水分，这样可以防止器皿沾染污渍或是异味。

本书提到的陶器主要为美浓烧、伊贺烧、信乐烧、荻烧、唐津烧○。

○ 唐津烧：近代初期以来，产自现日本佐贺县东部、长崎县北部一带的陶瓷器总称。

# 瓷器

## 白净且透光，坚硬，重量轻

瓷器在日语里也被称作"石器"，主要材料是陶石，一般在窑内经过1200～1400℃高温烧制而成，完全烧结，致密不吸水。瓷器颜色白净、透光，在陶瓷器中也是最坚硬、最轻的，敲击会发出金属一般的声音。

瓷器中最具代表性的有薄而通透的白瓷、刷了青绿色釉药的青瓷、白底蓝花的青花瓷。

轻薄、纤细的瓷器非常适合待客或是庆祝时的宴席。

本书介绍的瓷器主要为有田烧、波佐见烧⊖、京烧⊖、九谷烧。

---

⊖ 波佐见烧：产自日本长崎县东彼杵郡波佐见町一带的陶瓷器。
⊖ 京烧：产自日本京都的陶瓷器总称。

## 炻器

**茶褐色，颜色与风格别致**
**其中备前烧最具代表性**

炻器在日语里也被称作"半瓷器""未上釉的瓷器"，是一种介于陶器和瓷器之间的陶瓷制品。一般在窑内经过1200～1300℃的温度烧制而成，不上釉药，质地致密。炻器不透水，不透光，敲击时发出的声音比陶器清澈，比瓷器沉闷。

炻器具有如上特性，且在登窑中烧制，因而带有独特的自然釉风格和色彩。其中，最具代表性的炻器是冈山县的备前烧⊖。

## 玻璃器皿

**通透之美，独具清凉感**
**全年均可使用**

玻璃器皿具有透明感，光线透过非常美丽，适用于四季的餐桌。除杯子外，玻璃还可以制成盘子、钵、碗、果碟等。

玻璃容器能让冷菜看起来更加清凉，非常适合夏天的餐桌。此外，还可以使用玻璃容器盛放冷酒或刺身。

⊖ 备前烧：产自日本冈山县备前市一带的炻器。

# 漆器

可以"养成"的器皿

越用越有光泽

　　木制漆器也被称作"japan"，是一种热传导很低的器皿，盛放滚烫的汤汁也不会烫手。对于习惯用餐时手端餐具的日本人来说，漆器可谓是最合适的餐具了。

　　漆器可以让热食不易冷却，让冷食保温，同时重量轻，手感佳，放在嘴边触感也很好。

　　在日本，漆器产地广泛，遍及全国，北至青森，南至冲绳，漆器已经深入每个日本人的日常生活。在反复使用中，可以逐渐感受漆器的魅力。使用时间越久，漆器越可以显露光泽，因此也有"养漆器"的说法。

　　人们通常认为，漆器的保养很麻烦，但其实，漆器的清洗与陶瓷器一样，无须特别注意。不过，一些带有研磨颗粒的去污粉会划伤漆器表面，最好不要使用。此外，也不要将漆器长时间浸泡在水里。

尺寸与使用方法

这里介绍了日式餐具中使用频率最高的平盘和钵的尺寸与使用方法。

## 平盘

用"寸"表示尺寸，每寸相差大约 3cm

中盘（五寸）使用范围最广

　　浅而平的"平盘"一般使用"寸"来表示直径尺寸，一寸大约为 3cm，一尺（十寸）大约为 30cm。

　　盘基本上为圆形，根据直径大小可以分为大盘、中盘、小盘三种。

　　一般来说，超过八寸的被称作大盘，适合盛放多人分食的大盘菜品。不过，现在许多日本人的生活方式偏西式，也时常像西餐厅一样，使用一个大盘盛放各种菜肴，或是将大盘当作西餐主菜盘单独使用。

　　中盘尺寸一般为五寸至七寸，可当作个人餐盘、小碟使用，适用范围广，非常实用，可日常生活常备。

　　四寸以下的一般被称作小盘，两寸左右的则被称作豆皿。

　　小盘和中盘一般按人数购买，数量多一点比较方便。至于大盘，可以先买一个自己欣赏的款式，之后再慢慢补齐其他图案。

# 钵

大体分为小钵、中钵、大钵。

不妨冒险尝试华丽花纹的款式

钵类适合盛放带汤菜品，可以分为小钵、中钵、大钵。

小钵直径为12cm左右，大约可以盛放一人份的家常菜肴。吃火锅时，也可以当作小汤碗使用。

中钵直径为15cm左右，大约可以盛放两人份的家常菜肴，也可以用来盛放一人份的盖饭。

大钵直径为22cm左右，大约可以盛放四人份的家常菜肴，多用于待客使用。如果不是待客场合，而是自家用餐，也可以用来盛放一人份的汤面等。

钵类容器有一定的深度，即使带有华丽花纹，也不会太过夺目，因此在选购钵时，不妨尝试一些平时不常买的图案。红色彩绘、青花瓷等钵类容器可适用于各种场景。

根据钵的深度，可以将其进行分类，从浅到深可分为平钵、浅钵、盛钵、深钵。

## 漆碗的种类与使用方法

用工艺上乘的漆碗享用汤菜，会感觉格外美味。了解种类与使用方法，让漆碗走进日常餐桌。

### 常碗（汤碗）

　　一般日本家庭喝味增汤都会使用无盖汤碗，口径约为12cm。上图漆碗使用的是擦漆㊀工艺，除擦漆以外，还有黑涂、红涂、根来涂㊁等，日常使用时还可以选择莳绘、沈金㊂等施以华丽装饰的款式。

　　此外，口径较大，15cm左右的被称作大碗，可用来盛放盖饭。（红榉树汤碗 / 大福器皿）

### 真"假"漆器的不同

　　漆器的价格相差很大，主要取决于底料木材和所涂的漆。市面上的漆器里，其实混杂着一些使用合成涂料或是腰果漆的产品，还有一些底料也不是天然木材，而是木头与合成树脂的混合物，或是塑料。通过外观、手感和嘴边触感，都可以分辨出这些是不是真正的漆器。如果难以辨别，可以将其放入水中，天然木材制作的漆器会在水中浮起。当然，这并不是说不是真正的漆器有什么不好，大家可以根据用餐的时间、人物、场合，区分使用。

㊀　擦漆：在木质材料上涂上被称为生漆的透明漆的技法。
㊁　根来涂：漆工艺的一种，指用黑漆打底，然后涂上红漆，其名称来源于和歌山县的根来寺。
　㊂　沈金：一种装饰技法，在涂完漆的漆器表面用尖凿子雕刻图案。

## 带盖汤碗

带盖汤碗常出现在待客场合，用来盛放汤类。这种汤碗在开盖时充满惊喜感，盖子内侧精致的莳绘也值得观赏玩味。（轮岛涂溜涂内式部莳绘／传统工艺轮岛涂　加藤漆器店）

## 杂煮⊖碗

杂煮碗比带盖汤碗略大一圈，口径为13~14cm，常在新年时用来盛放杂煮。有的杂煮碗上施以莳绘或沈金工艺，高雅而奢华，非常适合新年等节庆场合。（轮岛涂溜涂／传统工艺轮岛涂　加藤漆器店）

## 带盖小汤碗

也被称作一口碗、洗筷碗，在怀石料理中用来盛放极少量的清口汤汁，带有小盖子。带盖小汤碗用途很广，可以盛放日式红豆年糕汤"善哉"或是前菜等。（轮岛涂溜涂／传统工艺轮岛涂　加藤漆器店）

⊖　杂煮：年糕汤，日本人常在新年食用。

# 纹样的含义

了解各种纹样的含义，挑选餐具时的选择范围也会更广。

## 祥瑞

祥瑞是具有代表性的吉祥纹样，为青蓝色釉药勾画出的鞘形、龟甲、圆形连纹、立涌⊖纹。

## 蛸唐草

唐草纹样的一种，为内卷藤蔓图案，上面有简化的叶子，看起来很像章鱼足，因此得名。

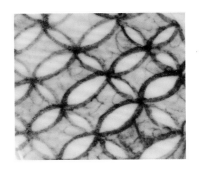

## 青海波

吉祥纹样的一种，起源于舞乐《青海波》的装束。

## 七宝

七宝指的是佛教中的七种珍宝，将这七件物品连在一起的花纹也叫作七宝连纹。七宝也是吉祥纹样的一种。

　⊖　立涌：两条相对的曲线中央隆起、两端收窄的纵向排列花纹。

## 十草

　　源自于一种木贼科木贼属植物的竖条花纹，据说可以招财运，非常吉利，自古以来就深受人们的喜爱。

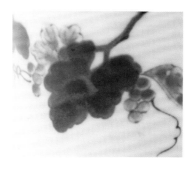

## 葡萄

　　一串葡萄上可以结出许多果子，寓意"子孙繁荣""丰收"，也是非常吉祥的花纹，适用于全年任何时候。

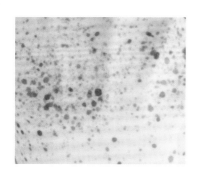

## 吹墨

　　吹墨纹样顾名思义，像是有人吹出的墨迹，常见于青花瓷。吹墨带有清凉之意，因此多在夏天使用。

## 山水

　　山水纹样是将现实景色和根据模型创造的山岳、树木、岩石、河川等点缀元素重新组合，绘制出的"创造性景致"。

## 石榴

　　源自中国的传统纹样，石榴果实中有许多种子，寓意子孙繁荣，是一种非常吉利的纹样。

## 璎珞

　　璎珞原为佛像颈间的装饰物，据说可以驱邪，也是一种吉祥纹样。

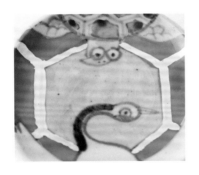

## 鹤龟

　　俗话说，"千年鹤，万年龟"，鹤和龟都代表了长寿，寓意吉祥，非常适合春节或是重阳节装饰。

## 鸟兽戏画

　　据说鸟兽戏画是日本最古老的漫画，里面有青蛙、兔子、猴子等拟人形象。比起节庆，更适合在日常生活中使用。

## 宝尽

　　吉祥纹样的一种，汇集了松树、扇子、鹤、小锤等多个吉祥图案。

## 梅菊纹

　　梅花象征着生命力，菊花象征高洁之美，二者被誉为最高贵的吉祥花卉。梅菊纹适合全年使用。

## 市松

　　格子状图案，也被称为石叠图案，过去是一种纺织图案，后来成了和服"江户小纹"的花纹，逐渐流行开来。

## 唐子

　　唐子指的是中国娃娃，在江户时代，只有长崎的平户烧⊖才能使用这种纹样。现在任何季节均可使用。

---

⊖　平户烧：产自日本长崎县佐世保市一带的陶瓷器，也被称为三川内烧。

形状图鉴

了解形状由来，使用时也会更有乐趣。

## 开扇

扇面打开的形状。扇子因为上宽下窄，被人们认为寓意繁荣，自古就是吉祥的象征。（陶香堂）

## 半开扇

扇面半打开的形状，常用于一些节庆宴席，用来充当向付容器。一般扇轴在右，扇面盛放菜肴。（陶香堂）

## 松

松树是常绿树，冬天也能保持绿色，象征着长寿，常用于节庆宴席。（作者个人收藏）

## 螺

京烧中常见的设计款式，自古就有，源自于中国。照片为螺形向付盘。（陶香堂）

## 竹叶船

竹叶船形状的青瓷向付，很有清凉感，非常适合夏天，例如七夕。（作者个人收藏）

## 瓢

瓢形，也就是葫芦形。因为谐音，日本有"三个葫芦很吉利，六个葫芦无病无灾"的说法，所以葫芦也是吉祥的象征。（陶香堂）

## 树叶

落叶的形状让人联想到晚秋，使用时一般将叶柄置于右侧。（陶香堂）

## 兔子

适合赏月季节使用。在中国，传说月宫住着兔子，可能这也是月亮与兔子关系的由来。（作者个人收藏）

## 六角形

多角形各自带有不同的吉祥含义，六角形与龟甲类似，寓意长寿。一般在摆放时，需将靠近用餐者的一条边摆平。（陶香堂）

## 梅

梅花是预示春天到来的花卉，自古深受人们喜爱，寓意吉祥。有时也可以用在餐桌上，提前为餐桌带来一丝春的气息。（作者个人收藏）

## 菊

秋季代表性花卉，象征延年益寿，放射状的花序也很像太阳。（作者个人收藏）

## 隅切

斜切角的四角形容器，除了盘子以外，这种形状的设计也常见于折敷。（陶香堂）

## 片口

　　带有尖嘴的长壶或钵，除了便于
倾倒汤汁外，也可以用作小钵或中钵。
（陶香堂）

## 高台

　　器皿底部叫作高台，一般特指高
脚容器。日本古代的绳文陶土器中就
曾出现过这种造型。（作者个人收藏）

## 边缘轮花

　　边缘带有小切口或凹凸，俯瞰像
花形一样的容器。（陶香堂）

## 筷子与筷子架的种类与使用方法

筷子和筷子架虽然存在感不强，但在营造节日氛围，或是平衡餐桌气氛方面却可以发挥重要作用。

筷子根据用途不同可以分成很多种类，日常用餐时，一般使用一端尖细的单头筷（1、2、3），夹取点心时也可以使用略短的款式（3）。春节时，一般使用包在福袋里的白柳两头筷（4、5）。日本春节时吃的年菜原本是从撤下的供神祭品演变而来的，使用的两头筷也是两端尖细。节庆时，日本人还常使用红杉的两头筷（6）。餐桌上的公筷有的是涂漆筷（7、9），有的是白木筷（8），有的是青竹筷（10）。（均为作者个人收藏）

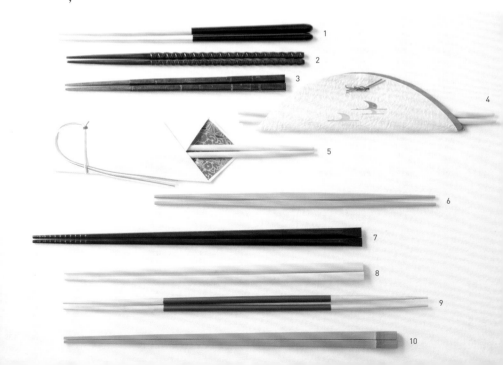

　　日常餐桌上有时会省略筷子架，但其实
有了筷子架，筷子会摆放得更加整齐，餐桌
也会显得非常整洁。筷子架大多尺寸不大，
也很便宜，相比其他餐具更好入手，所以不
妨准备各种筷子架，以营造季节感。此外，
一些造型简单的筷子架适用于各个季节，非
常实用。在旅行途中购买的，使用时也能勾
起美好回忆。也有人会把豆皿当作筷子架使
用。（均为作者个人收藏）

# 你需要知道的日式餐具使用常识

这里将介绍使用日式餐具时的原则和禁忌，营造良好的餐桌气氛。

## 1 无须刻意购买同一手工艺人 或同一品牌的餐具

购买同一手工艺人或同一品牌的餐具会显得餐桌布置整齐统一，但却容易让餐桌看起来像商店卖场里的样板搭配。加入一些材料或形状不一样的餐具，可以让餐桌风格更富于变化，也会让日式餐具的使用充满乐趣。

## 2 将红豆饭、散寿司 移到平盘里食用

吃红豆饭的时候，你会选择用碗吗？其实，红豆饭、散寿司这类食物一般会盛放在盒子、匣子状容器里，食用时一般都会移到平盘里。对于日本人来说，红色是非常特别的颜色。据说红色源自于宗教神明，是可以辟邪的颜色，后来便演变成了在节庆场合吃红豆饭的习俗。

## 3 器皿上的细裂纹并非瑕疵， 反而值得玩味与欣赏

由于烧制时材料与釉药的收缩率不同，器皿上常会出现细小裂纹。使用久了，这些裂纹里会沾染上食物的颜色或油脂。这种由时间带来的变化值得玩味，而这也是带裂纹器皿的独特魅力。所以，千万不要把器皿上的裂纹当作瑕疵。

## 4 日本饮食的餐桌上，筷子必须横着摆放

在吃中国菜、韩国菜和一些融合料理时，筷子常常竖着摆放，但在餐桌上单独摆放筷子时，就必须横着摆放。这是因为筷子代表着结界，也蕴含着日本饮食对自然的尊崇。自古以来，日本人都认为，食物来自于神明，非常神圣，因此不可用手触碰，而是应当用筷子取食。此外，筷子也是分隔神明世界（大自然的世界）与人间世界的结界。在日本的餐桌上，每个工具和餐具都有着独特含义，慢慢学习这些，也会让每天的用餐充满乐趣。

## 5 使用筷子的禁忌

在日本，使用筷子有着诸多禁忌。首先，不能用筷子将餐具"拨"到自己面前；其次，也不能将筷子插在饭菜里；另一个比较常见的错误使用是将筷子架在餐具上，仔细回想一下，你是不是用餐时也常常这样？在餐桌上摆放筷子架，其实就可以有效避免这种错误。

# 后 记

用日式餐具布置餐桌，感觉还不错吧?

希望你读完这本书，会觉得其实这样的搭配并不难，或是想要立刻模仿着自己试一试。

即使是在便利店或是超市购买的熟食，也可以盛放在精致的盘子里，再配上餐巾，会让餐桌显得丰富诱人。

想要提升每日餐桌品质，其实并不需要太麻烦，所需要的只是一点点心思和创意。

希望你读完这本书，对于餐桌搭配的心理"门槛"能有所降低。

本书以"轻松完成双人餐桌搭配"为主题，利用我平日常用的餐具，毫无保留地为大家介绍了餐桌搭配的小技巧。

不过，有的场景下，仅依靠我个人收藏的餐具是不够的，于是我也拜托了东京赤坂的陶香堂，东京外苑的大福器皿，石川轮岛的桐本老师、加藤老师，获得了他们的协助，对此我深表感谢。

　　在此，还要感谢策划本书的诚文堂新光社的谷井老师、编辑土田老师、摄影师宗野老师、设计师木村老师，非常感谢这个团队的努力。

　　也感谢每一位与这本书有缘的读者，希望本书对于你们的餐桌搭配能够有所启发，作为作者，这也将是我至上的荣幸。

2017 年 12 月<br>滨裕子

ふたりごはんのテーブルコーディネート
Futari Gohan No Table Coordinate
Copyright ©Yuko Hama. 2018
Original Japanese edition published by SeibundoShinkosya Publishing co., Ltd.
Chinese simplified character translation rights arranged with SeibundoShinkosya Publishing co., Ltd.
Through Shinwon Agency Co, Chinese simplified character translation rights ©2021 China Machine Press.

日文版工作人员
摄影：宗野步
装帧设计：木村爱
编辑：土田由佳

本书由诚文堂新光社授权机械工业出版社在中国境内（不包括香港、澳门特别行政区及台湾地区）
出版与发行。未经许可之出口，视为违反著作权法，将受法律之制裁。

北京市版权局著作权合同登记　图字：01-2020-5234 号。

[ 参考文献 ]
《日式餐具基础入门》滨裕子著 诚文堂新光社 /《TALK 饮食空间搭配 2 级、3 级教材》NPO 法人饮食空间搭配
协会 /《为料理人准备的日式餐具及用法手册》远藤十士夫著 旭屋出版 /《图说 日本器具 – 探寻饮食文化》神崎
宣武著 河出书房新社 /《在器具方面更加精通》世界文化社 /《观赏、购买、使用 变身日式餐具达人》讲谈社

## 图书在版编目（CIP）数据

两人餐桌美学：用身边的食器让日子更有滋味 /（日）滨裕子著；
袁蒙译. — 北京：机械工业出版社，2021.11
（设计与生活）
ISBN 978-7-111-68977-5

Ⅰ. ①两… Ⅱ. ①滨… ②袁… Ⅲ. ①餐厅 – 设计
Ⅳ. ①TS972.32

中国版本图书馆CIP数据核字（2021）第169336号

机械工业出版社（北京市百万庄大街22号　邮政编码100037）
策划编辑：马 晋　　责任编辑：马 晋　穆宇星
责任校对：王 欣　　封面设计：张 静
责任印制：常天培
北京宝隆世纪印刷有限公司印刷

2021年10月第1版·第1次印刷
145mm×210mm·4.5印张·2插页·79千字
标准书号：ISBN 978-7-111-68977-5
定价：58.00元

电话服务　　　　　　　　网络服务
客服电话：010-88361066　　机 工 官 网：www.cmpbook.com
　　　　　010-88379833　　机 工 官 博：weibo.com/cmp1952
　　　　　010-68326294　　金 书 网：www.golden-book.com
封底无防伪标均为盗版　　机工教育服务网：www.cmpedu.com